科学探秘
培养儿童科学基础素养

U0181316

了解平衡
歪歪扭扭的博士找平衡

温会会 / 文　曾平 / 绘

浙江摄影出版社
全国百佳图书出版单位

从前，有一个走起路来歪歪扭扭的博士。
"博士，你在干什么呀？"小朋友们问。
"我在找平衡呢！"博士回答。

4

小朋友好奇地问："博士，什么是平衡呀？"

博士找来一个天平，在两端放上同样重的皮球，笑着说："看！当两边一样重时，天平会保持静止。这时，天平就达到了平衡的状态。"

　　有一天，博士兴冲冲地跑过来，告诉小朋友们："只要用一根手指，我就可以把任何东西举起来，并保持平衡！"

　　小朋友们一听，兴奋地说："真的吗？博士，快给我们展示一下吧！"

博士伸出食指，放在了圆盘子的中间。
"盘子会不会摔下来呀？"小朋友紧张地问。
"放心吧！它能够保持平稳。"博士笑着说。
看，圆盘子被平稳地举起来了！

看了博士的演示，一个小男孩也跃跃欲试。他伸出食指，放在塑料勺子的中间，想要举起来。
"啪！"
塑料勺子摔在了地上，小男孩的尝试失败了。

　　博士捡起塑料勺子，放在小男孩的手指上，并把食指对准勺口与勺柄中间。

　　看，塑料勺子被平稳地举起来了！

　　在小男孩惊讶的目光中，博士解释道："塑料勺子的两端形状不一样，重量也不同。所以，你需要把手指移到更重的那一端，才能找到平衡。"

听了博士的话，小朋友们也纷纷找起了平衡。
他们有的举起了帽子，有的举起了羽毛球拍，
还有的顶起了扫帚，逗得大家哈哈大笑！

14

　　接着，博士打算再给大家展示一个绝招。博士
找来一个饮料罐，将它倾斜着立了起来。
　　"哇，太厉害了！"小朋友们拍着手说。

"博士，你找平衡的秘诀是什么？"小朋友问。

"秘诀就是——找重心！对于形状规则的物体来说，它的重心就在几何中心上。比如，球的重心就在球心上。对于形状不规则的物体来说，就需要我们不断变换位置来寻找重心。一般来说，越稳定的地方，越接近重心。"博士答。

"博士，人也有重心吗？"小朋友问。

"当然。根据不同的姿势，人的重心也会发生变化。当我们站立时，重心在腰部附近；当我们坐着时，重心就跑到屁股附近啦！"博士答。

　　单脚站立的小男孩，一直东倒西歪，怎么也站不稳。

　　"博士，快看！我怎么保持不了平衡了？"小男孩问。

　　"当支撑脚和身体重心没有落在一条直线上时，是很难保持平衡的。"博士说。

博士走到小男孩身边，笑着说："看我的！"
只见博士倾斜着身体，让支撑腿和重心保持一致，
双手和另一条腿向两侧水平伸展。
他稳稳地站住了！

"重心可真调皮！"小朋友们感叹。

"是的，所以找平衡才有趣呀！"博士笑着说。

责任编辑　陈　一
文字编辑　徐　伟
责任校对　朱晓波
责任印制　汪立峰

项目设计　北视国

图书在版编目（CIP）数据

了解平衡：歪歪扭扭的博士找平衡 / 温会会文 ；
曾平绘 . -- 杭州：浙江摄影出版社，2022.8
（科学探秘·培养儿童科学基础素养）
ISBN 978-7-5514-4030-1

Ⅰ．①了… Ⅱ．①温… ②曾… Ⅲ．①平衡点—儿童
读物 Ⅳ．① O642.4-49

中国版本图书馆 CIP 数据核字（2022）第 126550 号

LIAOJIE PINGHENG：WAIWAI NIUNIU DE BOSHI ZHAO PINGHENG

了解平衡：歪歪扭扭的博士找平衡
（科学探秘·培养儿童科学基础素养）

温会会 / 文　曾平 / 绘

全国百佳图书出版单位
浙江摄影出版社出版发行
　　　地址：杭州市体育场路 347 号
　　　邮编：310006
　　　电话：0571-85151082
　　　网址：www.photo.zjcb.com
制版：北京北视国文化传媒有限公司
印刷：唐山富达印务有限公司
开本：889mm×1194mm　1/16
印张：2
2022 年 8 月第 1 版　　2022 年 8 月第 1 次印刷
ISBN 978-7-5514-4030-1
定价：39.80 元